—小学生安全防护读本—

社会生活安全书

孙宏艳 ▽ 编著

U0381836

北方联合出版传媒（集团）股份有限公司

辽宁少年儿童出版社

沈阳

© 孙宏艳　2016

图书在版编目（CIP）数据

社会生活安全书 / 孙宏艳编著. — 沈阳：辽宁少年
儿童出版社，2016.7
　（小学生安全防护读本）
　ISBN 978-7-5315-6844-5

　Ⅰ. ①社… Ⅱ. ①孙… Ⅲ. ①安全教育－少儿读物
Ⅳ. ①X956-49

中国版本图书馆CIP数据核字(2016)第134882号

出版发行：北方联合出版传媒（集团）股份有限公司
　　　　　辽宁少年儿童出版社
出 版 人：张国际
地　　址：沈阳市和平区十一纬路25号
邮　　编：110003
发行部电话：024-23284265　23284261
总编室电话：024-23284269
E-mail:lnsecbs@163.com
http://www.lnse.com
承 印 厂：阜新市宏达印务有限责任公司

责任编辑：马　婷
责任校对：高　辉
封面设计：白　冰　程　娇
版式设计：程　娇
插　　图：程　娇
责任印制：吕国刚

幅面尺寸：150mm × 210mm
印　　张：3.25　　字数：51千字
出版时间：2016年7月第1版
印刷时间：2016年7月第1次印刷
标准书号：ISBN 978-7-5315-6844-5
定　　价：12.00元

目 录

尊重他人

就是尊重自己

不要出口伤人

不注意语言艺术，往往在无意间就出口伤人，产生矛盾。与同学交往，要心地善良语气和善，学会尊重他人，也是对自己最好的保护。

马加爵是云南大学生命科学学院生物技术专业的学生，曾因为聊天与同学邵瑞杰、杨开红、龚博等人发生争执。当时，他觉得邵瑞杰、杨开红、龚博说话太尖刻，伤害了自己，使自己在学校的名声受到了诋毁，因此特别生气，萌生了杀了这三个人的念头。因为担心同宿舍的唐学李妨碍其作案，他决定将4人一起杀害。在短短的3天内，马加爵采取用铁锤打击头部的同一犯罪手段，将唐学李等4名被害人逐一杀害，并把被害人尸体藏匿于宿舍衣柜内。

阿雄是跟随父母来北京生活的一名小学生，当他在新的班级介绍自己时，一口方言惹得同学们哄堂大笑。从此，班里的同学故意拿他取笑并模仿他说话，有的同学说他说的话是"鸟语"，有的同学叫他"鸟人"，

后来阿雄越来越不敢说话了，也不愿意和别的同学沟通。因为他的爸爸妈妈做生意很忙，他每天中午都不回家吃饭，有时候甚至吃不上午饭，老师发现后，就把自己的午饭给他吃。同学们知道后，又有人取笑他，说他是"混饭吃的"。他十分生气，要求父母送他回老家上学。父母把这件事告诉了老师，老师了解到情况之后，积极做班级同学的工作。很快，大家向他伸出了援助之手，在老师和一些同学的帮助下，阿雄每天坚持练习普通话，鼓足勇气跟同学对话，很快就能说一口流利的普通话了，并且很快融入了新的集体。

小·知识1：什么是语言伤害

即使用谩骂、诋毁、蔑视、嘲笑等侮辱歧视性的语言，或者使用肮脏污秽、奚落挖苦、刻薄侮辱的语言，使他人的精神和心理遭到侵犯和损害。语言伤害是长久的，不仅侮辱了他人的人格，而且还损伤他人的自尊和自信。语言伤害包括：用不雅的字眼呼唤对方、制造恶意的谣言、用粗话侮辱对方。

小·知识2：什么是自尊心

自尊心首先是自我尊重和自我爱护心理，又包含了要求他人、集体和社会对自己尊重的期望心理。

自护智多星

如果他人的言语伤害了你的自尊心，你要怎么做？

　　杨越是一个非常要强的孩子，家庭条件也很好，学习成绩始终是年级里的前几名，唯一让她头疼的是自己的个子很矮，班里的同学总是拿她取笑，有的叫她"小萝卜头儿"，有的叫她"小不点儿"。为此，她很生气。有一天，班长在点名的时候，脱口而出叫她"小不点儿"，引得全班哄堂大笑。杨越的自尊心受到了极大的伤害，她觉得再也不能这样下去了，于是，勇敢地站起来严肃地对班长说："班长，你作为班干部，应该尊重别人，你这样做严重伤害了我的自尊

心，必须在这里向我道歉！"杨越突如其来的举动，使教室鸦雀无声，全班同学都看着班长。此时，班长也感到自己的行为是错误的，于是说道："这样做的确是我不对，我在这里郑重地向你道歉！我保证从今以后绝不再叫同学的绰号。""哗……"全班同学都为杨越勇敢的举动和班长敢于承认错误的行为热烈鼓掌。从此以后，班里没有人再叫别人的绰号了，同学之间的关系也更加和谐了。

怎样说话才是有分寸

• 语言表达要清楚、准确、生动，不带歧视性的字和词。

• 语气要委婉平和，语音、语速、语调要平缓，不同的场合，采用不同的语音、语速、语调。

• 讲笑话要把握分寸，要得体，不要伤害别人的自尊心。

- 善于发现他人的优点，给对方适度的赞扬。但不要夸奖过头，让人感到是在取笑他。

- 同学之间的争论要适度，不要过于激烈和固执，过度偏执的争论往往会发展成为人身攻击，易产生敌意。

- 同学之间不要乱起绰号，绰号会使他人产生羞辱感。

如何面对语言伤害

- 要冷静，不要被激怒。同学之间很容易因为一句话引起矛盾。如果不能克制自己，可能会使矛盾升级，产生不良的后果。

- 要大胆表明自己的态度。当你感到别人的话对你造成伤害时，绝不能忍气吞声，应该让对方知道他的话已经对你造成了伤害。

- 　寻求老师或父母帮助。以牙还牙、一味忍让的态度都是不可取的，应该把问题告诉成年人，请他们帮助化解矛盾。

- 　培养开朗的性格。青少年应该注意培养开朗的性格，为人要心胸坦荡，克服固执、多疑、急躁、容易冲动的不良性格。

- 　遇到挫折坦然面对。在各项活动中保持愉快的心情，遭受挫折时要正确面对现实，学会调节情绪。

- 　交友要慎重。交朋友既要情趣相投，又要有益于健康成长，朋友之间要做到严以律己、宽以待人、互不伤害。

请你判断下面的做法是否恰当，恰当的请画上☺，不恰当的请画上☒。

1. 王乐乐的父母离婚了，他把这个家庭变故看作一个秘密。但班长总是提醒班里的同学要多帮助乐乐。在昨天的班会上，班长又说："乐乐的爸爸妈妈刚刚离婚，乐乐现在生活得很痛苦，他的心情也不好，大家一定要多关心他！俗话说，没妈的孩子像根草，我们都是有妈的孩子，但乐乐不同，他的痛苦希望大家理解！"

2. 杨超是一名五年级学生，学习成绩一向很好，但这学期期末考试却考得不好。一位同学说："不牛了吧？你也有不行的时候！"

3. 婷婷在做值日生的时候，不小心打碎一块玻璃，小组长看着心里着急，忍不住说："你怎么又破坏公物！"

答案

    1.✖✖ 尽管班长是出于好心，但这是乐乐的隐私，是不应该被公布于众的，这样做会让乐乐很没面子。班长在班会上的一席话，无疑是把他的痛苦放大了，这样会让乐乐感到班长是在取笑他。

    2.✖✖ 这种取笑人的话，会使杨超同学失去学习的信心，产生自卑感。

    3.✖✖ 训斥人的话会破坏同学之间的平等关系，一个"又"字，好像婷婷总破坏公物，会伤害同学的自尊心，使她今后不愿再为班集体做贡献。

上帝

最聪明

做个自护的消费者

　　青少年社会经验少、生活阅历不丰富、对商品质量的好坏辨别不清，很容易受到侵害。因此，了解商品的消费知识，避免由于购买劣质商品而带来的伤害，用法律维护自己的权益是非常必要的。

实例 1 ....

　　杨扬很小的时候父母就去世了，和奶奶相依为命，奶奶用微薄的退休金抚养她长大。杨扬知道家里生活拮据，就把奶奶平时给她的零花钱一点一点攒起来，打算在奶奶生日时买份礼物。奶奶生日那天，杨扬放学后，便兴冲冲地来到一家小商店，精挑细选，买了一盒包装精美的巧克力派，还买了一盒蛋卷。她想：这些点心又酥又软，奶奶吃最适合，她一定会很高兴。可是当她回到家，将点心盒打开给奶奶看时，顿时惊呆了：巧克力派已经长出

巧克力派长出了绿茸茸的长毛。

蛋卷已经变味了。

了绿茸茸的长毛！再打开蛋卷盒，倒没长毛，尝一口也已经变了味儿。杨扬急得眼泪直在眼圈儿里打转。尽管奶奶在一旁安慰她，杨扬还是决定去那个商店把东西退了。可是，来到那家商店后，售货员却硬说这东西不是在他们那里买的，还说她想敲诈勒索！杨扬气得直哭，可却没有证据反驳他们，因为她没有购物凭据。

小知识1：解决产品质量纠纷有哪些途径

　　根据《中华人民共和国产品质量法》第35条的规定，解决产品质量民事纠纷的途径有四种：协商、调解、仲裁和起诉。这四种途径你有权决定选择其中的任何一种。

小知识2："3·15"是什么日子

　　1983年国际消费者联盟组织确定每年3月15日为"国际消费者权益日"。"3·15国际消费者权益日"的宣传活动已经成为具有广泛社会影响的、意义深远的社会性活动。

自护
智多星

当你的消费者权益受到侵害时，你该怎么做呢？

消费者权益不仅要靠法律保护，更重要的是靠我们自己维护。

1 姜丽和好朋友小倩、云云在校门口一个老太太那儿买糖葫芦吃。

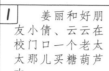

糖葫芦

2 晚上，三人开始拉肚子。

3 姜丽拿糖葫芦到食品质量监测中心进行了检验，果然糖葫芦里有许多细菌，根本达不到卫生标准。

4 质量监督局会同当地工商管理所对老太太的不法行为给予批评和处罚。

我们学生虽然是未成年人，但仍然和成年人一样有着合法的权益，我们要学会保护自己的合法权益。

小学生安全防护读本

14

消费者享有的权利

- 购买、使用商品和接受服务时享有人身、财产安全不受损害的权利，简称安全权。

- 享有知悉其购买、使用的商品接受服务的真实情况的权利，简称知情权。

- 享有自主选择商品或者服务的权利，简称自主选择权。

- 享有公平交易的权利，简称公平交易权。

- 因购买、使用商品或者接受服务受到人身、财产损害的，享有依法获得赔偿的权利，简称赔偿权。

- 享有依法成立维护自身合法权益的社会团体的权利，简称结社权。

- 享有获得有关消费和消费者权益保护方面知识的权利，简称知识获取权。

- 购买、使用商品和接受服务时，享有其人格尊严、民族风俗习惯得到尊重的权利，简称维护尊严权。

- 享有对商品和服务以及保护消费者权益工作进行监督、批评的权利，简称监督权。

哪些商品属于伪劣商品

- 失效、变质的商品，危及安全和人身健康的商品。

- 所标明的指标与实际不符的商品。

小学生安全防护读本

- 冒用优质或认证标识和伪造许可证标识的商品。

- 掺杂使假、以假充真或以旧充新的商品。

- 国家有关法律、法规明令禁止生产、销售的商品。

"三包"期如何计算

- 三包有效期自开具发票之日起计算，扣除因修理占用和无零配件待修的时间。

- 产品自售出之日起7日内，发生性能故障，消费者可以选择退货、换货或修理。

- 产品自售出之日起15日内，发生性能故障，消费者可以选择换货或者修理。

- 换货后的三包有效期自换货之日起重新计算。

保质期和保存期

- 产品的保质期是指产品在正常条件下的质量保证期限。保质期由生产者提供，标注在限时使用的产品上。

- 在保质期内产品的生产企业对这个产品质量提供保证，消费者可以安全使用。

- 保存期是指产品的最长保存期限，超过保存日期的产品失去了原产品的特征和特性，丧失了产品原有的使用价值。从这个意义上说，保存日期的最后一天也称为产品的失效日期。

- 产品的保质期不同于保存期。对同一产品，它的保存期应当长于保质期。

- 对超过保质期的产品，并不一定意味着产品质量绝对不能保证了，只能说，超过保质期的产品，其质量不能保证达到原产品标准或标明的质量条件。

● 对超过保质期的产品，可以通过质量检验，确定它的质量，特别是安全性能指标。

· ·

● 如果产品没有失效变质，还具有使用价值，可以降价销售。但产品一旦超过了保存期就绝对不能销售了。所以你不要去购买超过保存期的产品，防止造成伤害。

请你判断下面的做法是否恰当，恰当的请画上 ☺，不恰当的请画上 ☒。

1.赵明在学校附近的商店买了一个铅笔盒，刚使用一天就坏了，他去找老板，老板说："商品售出，概不负责。"

2.小雨在一次服装展销会上买了一件羽绒服，当发现羽绒服有质量问题时，展销会已经结束，小雨只好自认倒霉。

3.于涵在超市买了一台录音机，当出现质量问题，他到超市要求退货时，超市的售货员对他说："我们管不了，你找厂家去吧。"

4.王羽同学买运动鞋时，只看鞋的质量，其他一概不看，他说，只要鞋的质量没问题就行。

1.<del>××</del>《中华人民共和国产品质量法》第28条规定，售出的产品有瑕疵，销售者应当负责修理、更换、退货，也就是我们平时所说的实行"三包"。

2.<del>××</del>小雨可向展销会的举办者、柜台的出租者要求赔偿。

3.<del>××</del>当发生产品质量问题时，消费者可直接去找销售者。"谁销售，谁负责"，销售者应首先对消费者承担退换等责任，然后再寻求厂家的补偿。

4.<del>××</del>在购买商品时，不仅要看产品的质量，还要看有没有厂家、厂址，有没有生产日期、保质期，即我们平常所说的是不是"三无"产品。

钥匙少年

小心被跟踪

不给坏人可乘之机

　　社会环境复杂，青少年有必要了解怎样避免被跟踪、被跟踪后该怎么办的一些常识，采取有效的防范措施，避免恶性案件的发生。

放学了，小刚、小童相约到小刚家写作业。两个人一边走一边嬉戏打闹。这时，一个男人从后面追上来问小刚："小朋友，我是你爸爸的朋友，你爸爸在家吗？他什么时候回来呀？"小刚不假思索地说："我爸爸很晚才回来呢。"那个人又问："你妈妈在家吗？"小刚不耐烦地说："不在！"说着把挂在脖子上的钥匙一甩，又与小童玩耍起来。那个人并没有走，而是紧紧地跟随着两个孩子，当小刚准备用钥匙开门时，发现挂在脖子上的钥匙不见了。于是，俩人返回找钥匙，在路上又碰到了那个男人，只见他举着一把钥匙走过来对小刚说："这是你的钥匙吧？我刚才捡的。"小刚看到钥匙，十分高兴，连忙说："谢谢叔叔！"然而，第二天，小刚家就被盗了。警察在分析现场时的结论是：肯定是罪犯有家里的钥匙。原来那个"叔叔"趁小刚玩耍的时候，从后面剪断了系钥匙的绳子，偷偷又配了一把钥匙，所以才很容易地进入小刚家。

小学生 安全防护 读本

实例 2 •••••

　　一个阳光明媚的下午，兰兰和两个伙伴一起去给同学买生日礼物，三个人边走边谈论着怎么给同学过这个生日。她们经过一座桥的时候，有两个男人从桥栏杆上跳下来跟在后面。兰兰发现了两个男人的举动便轻声提醒旁边的同学，可两个伙伴聊得正高兴，没有听到。兰兰想：这可能是两个流氓，必须甩掉他们。走到桥头时，兰兰看到有位叔叔在河边钓鱼，就蹦蹦跳跳地跑过去，问那位叔叔钓了几条鱼、怎么钓鱼等问题，另外两位同学看到兰兰不走了，也都过去与钓鱼的叔叔聊起天儿来。那两个男人看了她们几眼，坐上三轮车走了。兰兰把刚才的事情告诉了两位同学，她们这才恍然大悟。

小知识1：如何判断被跟踪

如果你怀疑被人跟踪，可以采取走走停停、急停急走、横穿马路、改变速度、急转弯等方式，看看是否还有人跟着你，如果还有人跟着你，说明你被跟踪了。

小知识2：如何拨打"110"

• 拨通电话后，首先要确认对方是"110"报警台。

- -

• 尽量用简练的语言说明情况，如出事的具体位置、坏人的特征、人数、是否有武器等。

- -

• 如果报警时处境危险，要注意隐蔽，确保自身安全。

- -

• 只有在自身或他人的生命受到暴力威胁或财产受到不法侵犯时才可拨打"110"报警，不可随意乱拨。

自护智多星　　当你身上带着钱或贵重的东西时，不要宣扬，防止坏人打你的主意。

毛毛今天格外高兴，因为妈妈终于给了他钱去买游戏机，在上学的路上，碰上同学就兴奋地告诉人家："妈妈给我钱啦，我可以买游戏机啦！"放学后，毛毛奔向卖游戏机的市场，选了很久，都没有选到合适的，他累了，那股兴奋劲儿也没了。这时，毛毛发现不远处有个人在盯着他，那个人好像是经常在学校门口拦截学生索要钱物的人。"他在这儿干什么？为什么盯着我？是不是冲着我的钱来的？"毛毛很害怕，他赶忙来到一个摊位前，向一位阿姨借电话，然后给爸爸打电话，让爸爸来接他。不久，爸爸来了，并帮他挑选了一台满意的游戏机，父子俩高兴地回家了。

如何避免被跟踪

● 上下学时、外出游玩不要单独行动，尽量与同学、伙伴结伴而行。

● 不去偏僻的、行人稀少、照明差的地方玩耍，更不要为了探险、满足好奇心等到人少的地方去。

● 如果时间晚了,要想办法通知家人去接你。

● 晚上不要有规律地出去玩耍，如每天定时、独出去等。

● 不要到处宣扬自己家的情况，尤其不要炫耀家里的经济状况。

● 平时要多观察，熟悉你经常行走路线的环境特点，如学校周围的环境，哪有派出所、治安岗亭、公用电话等。

发现被跟踪了怎么办

● 往人多的地方走。当发现有人一直跟着你时，不用害怕，你可以尽快到繁华热闹的街道、商场等地方，想办法摆脱尾随者。

● 到商店向店员借电话，打给家人，或者到附近小卖部或者住户家，按门铃求救。

● 如果周围还算繁华，你也可以站下暂时不走，或者回身看着跟踪你的人。这样，跟踪的人往往会被吓跑。

● 你可以想办法和路人说话，如假装问路等，或者告诉他你的困境，或者一直和他一起走等。

● 千万不要往死胡同里走，如果走到死胡同里要赶紧按其他人家的门铃请求帮助或大声呼救。

● 平时随身带一个哨子，紧急情况下吹哨子，可以吓跑坏人。

"钥匙少年"怎样避免被跟踪

- 双职工家庭的孩子大都携带着自家的钥匙，被称为"钥匙少年"。一些坏人正是盯上了孩子们随身的钥匙，暗中跟踪，实施犯罪。因此"钥匙少年"要特别注意安全。

- 钥匙不要放在容易被人发现的地方，可放在书包里、衣服的口袋里等隐蔽之处。

- 如果挂在脖子上，要用衣服盖上，防止坏人起歹意。

- 快到家时，看看有没有人跟踪。如果发现有值得怀疑的人，先不要着急回家，可以到热闹地方或邻居家待一会儿。

- 如果陌生人不易摆脱，一定要镇定，可以大声喊叫，吸引别人的注意。遇到警察、保安人员要及时呼救。

小学生安全防护读本

请你判断下面的做法是否恰当，恰当的请画上◡◡，不恰当的请画上✗✗。

1.甜甜上学的路上发现有人跟踪她，甜甜很生气，她就回过身来问那个人："你总跟着我干什么？"

2.初二女生兰兰晚自习回家，途中感觉有人跟踪她，并先后遇到警察、爸爸的同事，但是她没有把这种感觉告诉他们。她觉得自己已经是大姑娘了，能够自己处理问题，就不要麻烦大人。

3.滔滔独自从奶奶家回家，路上他发现有人跟踪自己。于是，他试着和路边的一位阿姨打招呼，问了一下天气情况，还与一位老奶奶聊天。

4.阿鹤在同学家玩耍后准备回家。那时天色已晚，走在没人的地方，她发现似乎有人跟着她。于是，她就拿出手机边走边给家里打电话，要家人来接。

1. 😣 要知道和跟踪我们的那些可疑人是讲不清道理的，而且反倒容易让他记住你的相貌，给了他接近你、骚扰你的机会。所以，发现可疑人跟踪，要设法摆脱才是正确的选择。

2. 😣 不管是不是真的有人跟踪她，她都应该把这种感觉告诉能够帮助她的人，避免发生意外。

3. 😊 遇到有人跟踪时，你可以时不时地和路上的陌生人打个招呼，热情地问一下天气等无关紧要的问题，能够给跟踪者施加很大的心理压力，让他不敢下手。

4. 😣 不要在偏僻处用手机打电话，因为手机更容易成为犯罪者抢劫的目标。应该到人多的地方再打电话，告诉家人你在哪里等待。

被人冤枉 坦然面对

冷静面对流言蜚语

在人与人的交往中，谁又能避免被冤枉呢？你有过被冤枉的经历吗？你是怎么对待和处理的呢？

　　小聪去理发，理发店紧挨着游戏机房。小聪从理发店出来时，正好被一个同学撞见。他以为小聪在玩游戏机，就去报告了老师。老师把小聪叫去批评了一顿。小聪认真地听完老师的批评，觉得被老师冤枉了，应该向老师做出解释。小聪就指着刚刚理完的头发说："老师，您看，我的头发还是湿的，身上还有没弄干净的头发楂儿，我是去理发，没有去玩儿游戏。"老师看了看，果然是这样，就向小聪道了歉。

实例 2 ....

　　阿强最近心情很不好，因为上星期在数学课上，数学老师冤枉了他。明明是阿强的同桌传字条给他，阿强把字条退回，并劝同桌上课不要传字条。可老师只看到了阿强退回字条，就立刻批评了他，还说他狡辩不承认，说他一个人浪费了大家很多时间。阿强心里难受极了，发誓今后再也不理老师。以后，每到上数学课，阿强看着老师就觉得生气，对老师讲的内容也听不进去了。阿强的数学成绩也越来越糟。

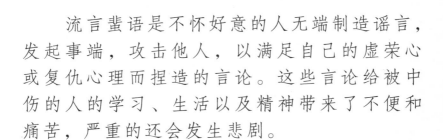

小知识1：什么是流言蜚语

　　流言蜚语是不怀好意的人无端制造谣言，发起事端，攻击他人，以满足自己的虚荣心或复仇心理而捏造的言论。这些言论给被中伤的人的学习、生活以及精神带来了不便和痛苦，严重的还会发生悲剧。

小知识2：怎样面对流言蜚语

当听到关于自己的流言蜚语时，要克制自己的情绪，避免马上采取行动，先回避一下，也不要到处表明自己是"无辜"的，这样做等于在扩散流言蜚语，给自己造成更大的伤害。还要自我检查一下，哪些地方存在容易成为别人攻击的隐患，要学会容忍，让容忍为真相大白提供时间和机会。

当遭受冤枉时，你如何自护？

某日，汪丽娜在购物中心买了东西后，便准备回家。没走多远就被商场的工作人员拦住了，其中一位说看见她拿了商场的东西没有付钱，说着就要搜查她随身携带的物品。汪丽娜一听就急了，他们凭什么随便搜查我的包？那是侵犯人的隐私权。"要搜查可以，但要去派出所，由警察来搜查。"汪丽娜提出了这样一个条件。可是，就在他们去派出所的路上，商场的几名工作人员又围

上来，坚持要翻包检查。汪丽娜只得妥协。他们翻腾了半天，也没有找到要查的东西。汪丽娜哭着看着商场工作人员的野蛮行为……

　　回到家里，她向母亲说了事情的经过。母亲一听，顿时气坏了，领着女儿就去了购物中心讨说法。当时商场已经关门，但在母女的要求下，商场工作人员找来了经理。开始经理的态度很好，安慰了母女几句，并答应有什么事第二天再说。可是汪丽娜坚决要求商场公开赔礼道歉，并赔偿精神损失费5000元。然而这些要求并没有得到商场方面的答复。

好几天过去了，商场没有回音，汪丽娜痛苦极了，整天躲在家里，不愿出门见人。她在苦闷中等待，期盼着商场能给她一个合理的答复，还她的清白。可是，她失望了。商场没有对她做出任何补偿性的举动。无奈，她只好告上法庭。但她母亲却忧心忡忡：认为胳膊拧不过大腿，劝她算了。汪丽娜却信心十足，没做亏心事，咱怕啥？

　　终于，母女俩将一纸诉状递上了法庭。经过法院公开审理、当庭调解，责令购物中心向这位16岁的少女公开道歉，并且赔偿她精神损失费6000元。

被老师冤枉了怎么办

●　　不要因为被老师冤枉而一直怨恨老师。有的同学一被老师冤枉，就认为老师是存心整人，因而对老师产生怨恨情绪。这种情绪一旦产生，原本可以好好解决的事，却越弄越僵，看老师不顺眼，故意和老师过不去，这样，不仅问题没有解决，而且师生关系恶化，自己的学习也会受到很大影响。

● 要主动与老师交流，及时澄清事实。解决被冤枉的问题较好的方法就是及时、主动、诚恳地向老师解释，把事情的过程向老师说清楚。相信老师会理解每个学生的，只要你把问题讲清楚，态度诚恳，误会很快就会消除。

● 有时，误会不能马上消除，有些事情不是三言两语就能说清楚的，时间场合不允许你多做解释，比如上课或开大会的时候，你就应该选择事后向老师解释。

● 如果自己一个人说不清楚，还可以叫其他知情的同学帮助你。

● 对于一时不能解释清楚的，可以耐心地多找老师谈几次。

● 有了误会要及时消除，否则误会越来越深，隔阂会越来越大。

● 要有谅解之心，处事应该宽容大度。老师总是希望自己的学生进步，但老师不是圣人，也有自己的弱点和不足，也会出差错。

被同学冤枉了怎么办

● 同学之间产生误会往往有两种原因：一种是年龄小，对事物认识不深，处理事情时往往不做认真的调查研究，而是根据自己的想象来猜测，乱下结论。用这种方法处理问题，当然就免不了冤枉别人。另一种原因是有些同学一看到某一现象，就用简单的有原因就有结果的方法来推论，于是得出错误的结论。比如，有人一看见阴天就说必定下雨，按照这种简单的思维去分析问题也会冤枉别人。

● 被冤枉时首先要摆正自己的心态，先使自己平静下来，想想为什么会被冤枉。

● 用真诚的话语进行解释，让别人能够理解自己，当时能解决问题最好。

请你判断下面的做法是否恰当，
恰当的请画上😊，不恰当的请画上😵。

1.王强同学最心爱的钢笔丢了，那是爸爸从香港给他带回来的礼物。王强急得到处找，刚好看到陈峰在使用那样的钢笔，于是他指责陈峰说："是不是你偷了我的笔？"陈峰感到很委屈，于是两个人大吵起来。

2.一位同学刚捡起地上的一块橡皮时被同桌看到，同桌冤枉他拿他的橡皮用。那位同学再也不理同桌了。

3.萧红上体育课时身体不好，跑步慢了些，结果被老师狠狠批评了一顿。为此，萧红吃不下、睡不着，上课也没精神了。

答案

1.😵 吵架是不能解决任何问题的，而且还会使问题复杂化。陈峰应该耐心解释，可以告诉王强在哪里买的、多少钱，如果能有人证明最好让别人证明一下。也可以帮助王强把笔找到，这样，问题自然就会解决。

2.😵 如果是因为一般的误会而被冤枉，没有什么不良的影响，可以不必理睬。如果是一些容易出现不良影响的误会，就一定要及时地进行说明和解释，态度要和蔼、亲切，这样有助于解除误会，避免被冤枉。

3.😵 当被老师冤枉时，你必须振作起来，调整好自己的心态，消除烦躁、焦虑情绪，以积极的态度面对他人。萧红当时就应该向老师解释自己的情况，而不应该憋在心里。如果长时间精神压抑，可能还会造成心理障碍。

小学生安全防护读本

用法律保护

隐私权

每个人都有自己的秘密

青少年有权保护自己的隐私，受到侵害时，可以用法律来维护自己的隐私权。

实例 1

　　四川省某县少女秋芬的遭遇令人心痛。她在来信中向我们讲述了一段惨痛的生活经历：我与附近大学的一位男生谈恋爱，可他却抛弃了我，又和他们学校的一位女生好上了。他还到处散播我的坏话，说我是不知羞耻的坏女孩。很快，我在学校里便成了一个大家都蔑视的人。这真是天大的冤枉！没有人理解我。而且，他新交的女朋友竟然把我从前写给他的信贴在我班教室外面的墙上，还在上面写上羞辱我的言辞。此后，我的心情一刻也无法平静，每天总是沉浸在叹息与痛苦之中，对一切都失去了信心。

小知识1: 什么是隐私权

隐私是指与个人私生活密切相关的、不愿为人所知的隐秘，隐私权是指自然人（即公民）所享有的、对自己的个人秘密和个人私生活进行支配，并排除他人干涉的一种权利。未成年人与成年人一样享有隐私权。

小知识2: 未成年人享有哪些隐私权

联合国《儿童权利公约》第16条规定："儿童的隐私、家庭、住宅或通信不受任意或非法干涉，其荣誉和名誉不受非法攻击。"我国《未成年人保护法》第30条明确规定："任何组织和个人不得披露未成年人的个人隐私。"第31条规定："对未成年人的信件，任何组织和个人不得隐匿、毁弃；除因追查犯罪的需要由公安机关或者人民检察院依照法律规定的程序进行检查，或者对无行为能力的未成年人的信件由其父母或者其他监护人代为开拆外，任何组织或者个人不得开拆。"第42条规定："14周岁以上不满16周岁的未成年人犯罪的案件，一律不公开审理。16周岁以上不满18周岁的未成年人犯罪的案件，一般也不公开审理。对未成年人犯罪案件，在判决前，新闻报道、影视节目、公开出版物不得披露该未成年人的姓名、住所、照片及可能推断出该未成年人的资料。"

小知识3：哪些行为属于父母侵犯子女隐私权

1.父母私自开拆10周岁以上子女的信件，属于侵犯子女隐私权。根据《未成年人保护法》第30条的规定，无行为能力的未成年人的信件可以由其父母或者其他监护人代为开拆，根据《民法通则》第12条的规定，无行为能力的未成年人是指不满10周岁的未成年人。因此，父母只能代为开拆不满10周岁子女的信件，对于10周岁以上子女的信件，父母不能开拆，否则构成侵犯子女隐私权。

2.偷看子女日记、电子邮件、窃听子女与他人通电话等行为也属侵犯子女隐私权。

3.采用暴力、胁迫、引诱等方式要求未成年子女说出内心并不愿意被他人知道的秘密。

4.私自检查未成年子女的私人物品以窥探未成年子女的秘密。

5.对未成年子女说给父母的秘密向外宣扬。

怎样维护自己的隐私权？

14岁的王妍，是个快乐的女孩。那天，上课的时候，王妍被警察叫了出去。他们要向她了解家属大院看门人李某某的情况。警察说，李某某糟蹋了一个小女孩，小女孩的父母报了案。在审讯他的时候，他承认三年前的某个下午曾把你打昏，对你干了坏事，不知是否有这事？王妍仔细地回忆了一下，说确有此事。王妍如实地告诉了警察叔叔。警察叔叔说："这件事中你也是受害者，应该受到大家的保护。我们只把这事告诉了你的父母，别人谁也不知道。"几天后，老师问她："民警找你干什么？"她觉得那事并不是自己的错，于是将事情说给了老师听。

她相信，老师不会到处传播。可是，王妍想错了。很快，她就成了学校里的"新闻人物"。无论走到哪里，总有人对她指指戳戳，王妍蒙了，泪水伴随着她度过了一个又一个白天和夜晚。

慢慢地，她开始自我反省，明白了眼泪只能说明自己怯弱，不能解决任何问题，同时，也要给那些散布流言蜚语的人们强烈的谴责。她给报社写了一篇文章：《一个"坏女孩"的申诉》。她要向社会、向一切有良知的人们申诉，以讨回属于她的公道！文章刊出后，立即在社会上引起了强烈反响。人们纷纷对她表示关心和理解。这使王妍的心得到了温暖。同时，她在班级考试中名列第一，更使她感到自信和骄傲。

小学生安全防护读本

怎样保护隐私权

● 保护自己的隐私不是在受到侵犯时才加以保护，而是在平时就要有意识地加以保护。

● 个人资料的隐私保护：主要包括特定的个人信息，如不要告诉陌生人你的姓名、出生日期、身份证号，还有电子邮箱、QQ和微信、微博的密码等；敏感性信息，如宗教信仰、家庭情况、病史、经历等。

● 私人信件要妥善保管，不要随意乱扔。日记最好在电脑上写并加密。写在日记本上的，不要让别人翻阅。

● 不要轻易告诉陌生人你家的电话号码、你的手机号码；手机要设置屏幕保护密码。

● 保护自己的照片，不要随意送人、随意乱放或随意发布，防止不怀好意的人修改、复制、传播。

● 不要轻易在不知名的网站注册、随意填写表格，以免泄露个人信息。

隐私权被侵犯怎么办

● 同学侵犯了你的隐私权，可以私下与他交谈，促使他消除不良影响，挽回损失；不能交谈的可以采取写信或通过同学、朋友转告的方式转达自己的意思，以达到目的。

● 如果是老师侵犯了你的隐私权，你可以与老师谈心，表达自己的感受，也可以请家长与老师沟通，要相信老师会尊重你的隐私，在适当的时机为你消除影响。

● 父母侵犯孩子的隐私大多是恨铁不成钢，采取比较粗暴的方式干涉孩子的学习和生活，我们平时要学习和掌握一些沟通的技巧，采取不同的方式说服家长，也可以请老师帮忙与家长交谈，转告你的苦恼，相信家长是会理解你的。

● 如果造成的后果十分严重，你的身心受到严重伤害，你可以使用法律武器，维护自己的尊严，保护自己的隐私。

请你判断下面的做法是否恰当，
恰当的请画上😊，不恰当的请画上😣。

1.体育课时，一位同学看到阿峰身材胖、跑步像个胖乎乎的鸭子，于是给他起个绰号"胖鸭"，这个绰号使阿峰非常苦恼。

2.老师在上课时正准备读一篇学生的日记，这位学生说："请老师别读，我不喜欢当众读我的日记。"

3.王丹在李影的书包找东西时，发现了一封信，一看是一位男同学写给李影的，于是，就在班里朗读起来。

4.某自选商场抓到两名偷糖果的小学生，除了让两人写检讨外，还在商场显著位置公布了他们的姓名和所在学校。

答案

1. 同学之间开玩笑是有尺度的，如果玩笑中含有羞辱的成分，或是在公共场合公开个人的缺陷隐私，使负面影响进一步扩大，则是对个人隐私和名誉的一种侵害。

2. 日记的内容也属于隐私，老师未经学生的同意是不能读给大家听的。这位同学的做法维护了自己的隐私权。

3. 私拆个人信件，是侵犯个人通信秘密权的行为。

4. 两名小学生偷没偷糖果，商场无权界定，应该交由公安机关处理；即使孩子真的偷了糖果，商场也无权公布其姓名及所在学校，否则，就是侵犯未成年人名誉权，侮辱其人格的行为。

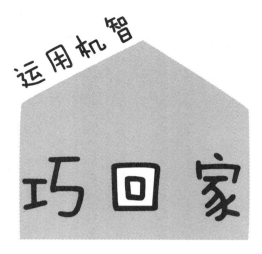

运用机智

巧回家

被绑架时以智取胜

小朋友不要轻信花言巧语，万一被绑架了，不要被坏人吓倒，要想办法利用各种机会逃脱。

实例 **1** ● ● ● ●

　　星期天，一位初三女生骑车去找同学玩，突然被另一个骑车人撞倒。这时，一位中年妇女走到她的身边，非常关心地安慰她，并找来车要送她去医院。那人把女孩的自行车放在路边锁好，把钥匙交给女孩，就把她扶上了一辆面包车。女孩庆幸遇到了救星，心里非常感激。车子开得飞快，可是没有去医院的意思。沿途经过两家医院，女孩都大声喊："这儿有医院！"但是车子还是飞快地开着。车上的人总是说："咱们去好一点儿的医院。"车子一直开出了市区。女孩看着窗外农村的田野，知道出事了。她大喊着："我要下车，我要回家！"然而对着她的却是一把尖刀。坏人把女孩带到石家庄，又强迫她上了火车。火车又到了西安，最后那位女孩被卖到了偏僻的农村。

实例 2 ••••

　　小明午饭后早早地出了家门，走到半路，一辆小轿车突然停在他的身边，还没等他弄清怎么回事，小明已经被塞进了车里。"老实点儿，不然掐死你！"一个大汉说。小明看着身边的两个大汉，才明白遇到坏人了。想起爸爸经常教育他遇到坏人不要硬碰硬，要伺机而动。说来也巧，当车行驶到一个环岛时，前面发生了交通事故，小明坐的车也被迫停了下来。周围有许多看热闹的人，交警正在处理事故。小明意识到机会来了，于是他拼命地大喊、反抗，这边的动静引起了周围看热闹的人的注意。正在处理交通事故的警察也走过来，打开车门，发现了被绑架的小明。

小知识1：什么是绑架

绑架是以索要钱财、作为人质或以其他要求为目的，侵害他人人身权利的非法行为。当歹徒在自己的目的不能满足时往往会采取杀害人质的残忍做法，所以绑架具有突发性强、危害性大的特点，对小朋友们的心理和身体会造成极大的伤害。所以，我们应该了解坏人常用哪些伎俩，尽量避免被坏人绑架。

小知识2：哪些人、在哪些地方容易被绑架

少年儿童容易被绑架侵害，特别是那些单独行走的小朋友。尽量不去以下危险的地方：学校的死角，如学校的储物间、地下室、没人的运动场等；高危险的地方，如顶楼阳台、建筑物的死角、无人看管的盥洗室、没有照明设施的狭窄路段、荒郊野外、河堤、正在施工或废弃的工地、无人居住的空屋、偏远地方的桥下和地下道等。

自护智多星

小朋友遭遇坏人绑架时，应该如何应对？

星期天，王炎准备去伙伴家打游戏。路上……

① 陌生人下车向王炎打听路。

② 随后被绑架上了车，王炎不让坏人把自己捆得很结实。

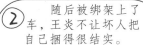

③ 他悄悄地脱掉鞋子，把脚抽了出来。

④ 随后跳出车外求救。

⑤ 王炎在群众的帮助下赶紧拨打"110"报警。

如何避免被绑架

- 外出游玩、上下学或补习功课的时候要尽可能与同学结伴而行，不要单独外出。

- 平时上下学不要带比较贵重的饰品，如金项链、金手镯等，穿着不要过于讲究，以免引起坏人的注意；也不要携带手机等物品。

- 不要到电子游艺厅、网吧等复杂的环境中逗留玩耍。

- 不要到偏远的公园、河堤、工地、空屋等地方活动。

- 没有父母或老师的同意不要接受陌生人的东西，比如钱、玩具、食品、礼物等。

- 没有爸爸妈妈的同意，不要跟陌生人走，如果有陌生人来接要报告老师。也可以给爸爸妈妈打电话，让他们来接你。

小学生安全防护读本

- 遇到有车辆停在自己身边时要赶快躲开，保持一定距离，提高警惕。最好在人多的地方走，不搭乘陌生人的车子。

- 出去玩儿之前，要告诉爸爸妈妈你要去哪里，干什么，什么时间回来；天黑后不要一个人出去玩耍。

- 乘坐电梯时，不要和陌生人一起单独乘坐。

歹徒惯用的欺骗方法有哪些

- 以糖果、玩具或金钱诱骗你跟他走。

- 以问路的方式要求带路，把你带到偏僻的地方下手。

- 邀请诱骗你搭乘便车。

- 假装车子出问题或有人生病，让你带路去加油站、修理厂或医院。

- 谎称是你父母的同事或朋友，到学校接你回家。

- 冒充警察等执法人员，强行把你带走。

- 制造假车祸，以去医院为理由把你带走。

被坏人绑架了该怎么办

- 想办法通报险情，争取警方救助。

- 积极地想办法，尽可能地把自己的处境和所在的地点告诉给亲人、朋友、老师或有可能帮助你的人。

- 不要与坏人发生冲突，防止坏人怕暴露而下毒手。可以假意顺从他们，寻找自救机会。

- 等待解救的同时，尽量与坏人周旋，为公安人员的行动争取尽可能多的时间。

小学生 安全防护 读本

请你判断下面的做法是否恰当，恰当的请画上😊，不恰当的请画上😣。

1.小明放学回家的路上，突然下起了大雨，一个陌生人对他说："这雨太大了，坐我的车回家吧。"小明摇摇头说："谢谢叔叔！我到附近的商店躲一躲。"

2.在公园里，一个阿姨对你说："我的宠物狗丢了，你帮我找一找吧？"你很喜欢小狗，马上与阿姨一起去找小狗。

3.一个叫淘气的小朋友放学后在学校门口等着妈妈来接他，在他等得着急的时候，一位叔叔急急忙忙跑到他跟前气喘吁吁地说："你妈妈在接你的路上被人撞了，她让我来接你。"淘气一听，想着赶紧看见妈妈，于是跟着这位叔叔走了。

答案

1. 😊 坏人就是利用突然发生的事情，比如，天气的突然变化、在路上被人撞倒等，在你没有准备的情况下假装好心人，骗取信任。小明做得很好，不管在任何情况下都不跟陌生人走，利用周围的环境解决自己的问题。

2. 😵 我们不能因为自己的爱好和善心，忘记安全的重要性。你应该叫上其他人一起去找，不能单独去。

3. 😵 小孩子的辨别能力差，容易被假象迷惑，往往上当受骗。淘气同学应该把这件事告诉给老师或者让这位叔叔给爸爸打个电话，与爸爸一起去看妈妈。

身体的权利

不可侵犯

面对性骚扰
要勇于自护

　　面对性骚扰或性伤害，如果没有自我保护意识，很有可能会受到伤害。

2013年5月8日，海南万宁市第二小学校长陈在鹏、市房管局职工冯小松分别带11岁至14岁的6名小学生到酒店开房过夜。5月13日，此事经媒体报道后，引起了社会广泛关注，被称为"校长带女生开房案"。6月20日此案在海南省第一中级人民法院不公开开庭审理，并当庭公开宣判。以强奸罪，分别判处被告人陈在鹏有期徒刑13年6个月，剥夺政治权利3年；判处被告人冯小松有期徒刑11年6个月，剥夺政治权利1年。

小知识1：什么是性骚扰

性骚扰是指以对方不喜欢的方式对待他人的身体和人格。常常发生的情况是，由于一方比另一方强大，利用自身力量优势欺侮对方。这种以强力欺压对方的行为是错误的。当一方的某些行为侵犯了他人身体，不尊重对方人格时，就产生了性骚扰或性伤害行为。当一方在不愿意的情形下被另一方强行触摸身体的隐私部位，如臀部、胸部、生殖器官、腿部等，以及做本人不愿意的事，就产生了性伤害或性虐待，这就是对一个人身体权利的侵犯。

小知识2：性骚扰有哪几种形式

口头性骚扰

对方经常有意地谈起与性有关的话题，对他人的衣着、外表、身材的描述总是与性联系在一起。有时候，还经常讲些色情笑话或故事。这类行为就是口头性骚扰。例如，经常在他人面前讲黄色笑话或者通过打电话等形式与他人谈论性问题。这些口头语言都是对人的性骚扰。

行为性骚扰

故意接触、抚摸他人的身体，利用碰撞、拥挤等机会贴紧他人，或强行与他人勾肩搭背等。还有的人会故意用身体或手做出性的暗示，或发出接吻的声音等。这些行为也同样对人造成性伤害。例如，在公共汽车上故意贴紧他人，故意把色情图片送到你面前传看，或者用手做一些下流动作等，都是行为性骚扰。

环境性骚扰

就是故意营造一种不健康的环境，或者将个人隐私公开化，使得环境产生了浓重的性色彩。例如，在公开场合裸露身体，张贴具有淫秽色彩的广告、宣传画等，都属于环境性骚扰。

自护智多星

有坏人打算侵害你的时候，你该怎么做呢？

张晓丽在放学回家的路上，遇到一个陌生人拦住了她问："小妹妹，请问去西洼幼儿园怎么走？"见有人问路，晓丽赶忙热心地指点。"哎呀，这么不好找哇？我是替人家接孩子的，现在已经晚了，你能不能帮助我一下，就当是学雷锋做好事，给我带个路好吗？"陌生人恳求地说。晓丽有些犹豫：妈妈说过不要跟陌生人走的。正想拒绝那个人，却看到那人一脸焦急的样子，晓丽又有些不忍心了。看看天色还不算太晚，再看看那个骑自行车的人也不像坏人，就点头同意了。

刚开始，那人还按照晓丽指的方向走，可没多久他便一个劲儿地往别的路上骑。晓丽意识到这人不是好人，心里十分恐惧，可又马上安慰自己：别慌别怕，要想办法逃走！看看周围，天不知什么时候已经黑了，四周行人很少。怎么逃呢？跳车？那家伙骑着车，很快会追上来。最好的办法是跳车时也把他推倒！晓丽想好后，就做好了跳车的准备。就在她向下跳的一刹那，她狠狠地推了一下骑车人。"哗啦！"两个人同时摔在地上。她忍痛爬起来，迅速地跑开并大喊："二叔！二叔！我在这里！"坏蛋一惊，以为来了人，骑上自行车就逃了。

二叔！二叔！我在这里！

遇到下面8种情况这样办

1.公共场合用暧昧眼光上下打量人

不理他，然后若无其事地走开。

2.公共汽车或地铁上故意挤蹭、抚摸他人

大声说"把你的手拿开"，让大家都注意他，使侵犯者知难而退。

3.遇到暴露狂

假装没看见，尽快走开。记得不要尖叫或惊慌失措，这样只能令骚扰者感到更兴奋。

4.在电梯里拥挤、挤蹭

可用手、胳膊肘、书包等与对方隔开，或遮盖重要部位以保护自己。

5.电话性骚扰

用严肃的语气说："打错电话了！"如果对方经常骚扰你，你可以报警。

6.医生借用职务之便性骚扰

看病时请同性朋友陪同。如觉得问题严重，可拒绝医生继续看病，并报告能帮助你的人。

7.收到与性有关的礼物、图片、刊物等

严肃地退回礼物、图片、刊物，并告诉对方你的不满。也可以把事情告诉能帮助你的人，如老师、父母等。

8.利用职务之便或职权表示过分关心和照顾

告诉对方你不喜欢那样，并尽可能避免与其单独相处。还要把事情告诉父母、老师等信得过的人，寻求帮助。

请你判断下面的做法是否恰当，
恰当的请画上😊，不恰当的请画上😵。

1.只有女生才会被骚扰。

2.只有漂亮女生才会被骚扰。

3.性骚扰都是身体上的骚扰。

答案

1. (××) 一些报纸上显示的女生被骚扰的人数可能会比男生多，但这并不表明男生不会被骚扰。有些男生在遭到同性、异性骚扰时大多忍耐性较强，不好意思说出口，怕引起他人轻视或嘲笑。

2. (××) 任何人都有可能遭遇性骚扰。无论性别、年龄、外貌、家庭背景如何。因此，即使你不漂亮，也有可能受到侵害，同样要具有保护意识。

3. (××) 一些骚扰者会用语言上对他人进行骚扰，如故意当面讲色情笑话、做一些下流动作等也属于性骚扰。如果你感到不舒服、不喜欢或受到伤害，都是性骚扰。

小学生安全防护读本

镇 静 应 对

面 对 抢 劫 勇 敢 机 智

  抢劫大多发生在力量不相等的人
身上。如果仅仅靠力量，要获胜的可
能性较小。所以更需要学会自我保护
的技巧，并依靠智慧取胜。

实例 1

　　一天放学后，一个大个子拦住了小刚回家的去路。大个子说："把你的钱全掏出来！"小刚心想："妈妈给我买新鞋的钱就装在书包里，让他抢去了我还怎么买鞋？再说了，就算他个子大我也不怕他。"于是，他胸脯一挺说："我没钱！"大个子冲上来就抢小刚的书包。于是，两人撕扯成一团。小刚自然敌不过大个子，很快被打翻在地，钱也被抢走了。小刚急了，爬起来就去抢大个子手里的钱，还对准大个子的腿狠狠咬了一口。大个子恼羞成怒，拔出腰里的匕首，对着小刚扎下去。结果，小刚身受重伤，在医院里躺了近两个月。

小知识1：什么是抢劫

抢劫就是以非法占有为目的、以暴力或胁迫手段使他人当场交出钱财或抢走他人财物的犯罪行为。所以，抢劫大多伴随着暴力、威胁等手段。目标往往是人们的钱财。

小知识2：抢劫大多发生在哪里 什么人容易被抢劫

人少的地方是歹徒抢劫的重要地点。如过街天桥、地下通道等。当然，也有些疯狂的歹徒竟然在光天化日之下在火车、汽车、商场、银行等处抢劫。这种抢劫方式大多是团伙作案。妇女、老人、小孩往往是抢劫者的主要目标，因为这三类人力量大多比较弱。

自护智多星

在力量对比悬殊的情况下，我们要怎样战胜歹徒？

对待坏人，我们应该想办法利用一切可以利用的条件与坏人周旋。

1 夏日的一天夜里，小勇出来上厕所，看见两个人站在自己家的客厅里。

2 不许出声，不然杀了你全家。

厕所里有电话，我可以给小区的门卫打电话。

3 我不出声，可我憋不住尿了，你让我先撒尿。

4 小勇从厕所里面锁上了门并拿起电话报了警。

小勇正是用他的机智，勇敢地战胜了歹徒，保护了自己和家人，同时避免了家庭财产的损失。

小学生安全防护读本

被校园小霸王抢劫

- 平时身上不要带太多钱。

- 在同学跟前不要摆阔气，更不要讲究高消费，否则你很容易被人盯上。

- 与同学交往要以友谊为基础，不要以金钱来获取友谊。

- 第一次遇上勒索时不要硬顶，尤其发现对方藏有凶器时更要谨慎小心，别跑，也不要喊叫，以防受伤，必要时可以将身上的钱掏给他。

- 悄悄在心里记住勒索者的相貌特征、衣着打扮及共有几个人，事后及时向父母、老师和警察报告。

- 放学途中最好结伴而行，直接回家，不要逛商店或去娱乐场所。被小霸王勒索后，可让父母接送一段时间。

- 如果小霸王恐吓威胁你，千万不要把事情闷在心里，要及早告诉爸爸妈妈，请他们帮助你。

被拦路抢劫

- 放学回家晚了不要抄小路走，更不要穿越狭窄、冷清的胡同，要走人多的大路。这样可以避免被抢劫者攻击。

- 不要带很多钱在身上。

- 不要急于逃走。抢劫者的目标大多是钱财，如果被拦截了就转身逃跑，有可能会使得歹徒恼羞成怒，做出伤害你性命的行为。

- 在力量敌不过抢劫者的情况下，要放弃钱财或别的物品，并记住对方的相貌、衣着、身高、口音、习惯动作、逃离方向、使用的交通工具等，事后尽快报告警察。

- 估计自己的力量能逃脱，可以在趁着掏取钱物的时候瞅准机会，对抢劫者给以猛烈还击。

- 如果抢劫者只是一个人，或人数很少，周围又有同伴或其他人路过，可先与其周旋，乘其不备突然跑开并高声呼救。

在室内被抢劫

- 不要惊慌，更不要轻易喊叫，要观察对方的力量和目的，同时要赶快思考对付劫匪的方法。

- 记住对方的特征。如身高、长相、口音、举止等，为警方破案提供线索。

- 在条件允许的情况下，可以和家庭成员一起寻机反抗。

- 注意保护现场。等匪徒走后马上报警。不要用手摸抢劫者摸过的物品、门把手等，更不要把被歹徒弄乱的家具等归位。

- 如果抢劫者是你认识的人，一定要装作不认识，以避免劫匪杀人灭口。

在地下通道或过街天桥被抢劫

- 尽量避免夜间走地下通道或天桥。如果确实需要，最好请人陪伴，或者与路人一起通过。

- 在走地下通道或过街天桥时要保持警惕性。不要打手机、看课外书、看报纸等。

- 经过通道或天桥速度要快，不要磨磨蹭蹭。

- 遇到抢劫者威胁要分析情况。如果对方只有一个人，且你的力量较强，可以反抗，出其不意地攻击对方要害部位，然后尽快逃跑。如果对方力量大、人多等，可以先把财物给对方，记住对方特征，脱身后报警。

- 万一被歹徒抢劫，不要过于难过财物被抢，要尽快离开被抢劫地点，尽快去报案。

请你判断下面的做法是否恰当，恰当的请画上😊，不恰当的请画上😖。

1.遇到歹徒抢劫一定要大声呼叫，争取周围人的帮助。

2.没有特殊需要，身上不要带很多钱。万一带钱较多，要分开放置。在不同的衣兜里、书包的不同口袋里分别放置。

3.在校园外遇到小霸王抢劫，不理睬他们，要自己解决，这样才能显示自己已经长大了。

4.遇到歹徒抢劫要赶紧跑，这样才最安全。

答案

1. 如果对方仅有一个人，或者人数很少，而且周围有很多行人能帮助你的时候，才能大声呼喊。如果夜色已经很晚，周围行人较少，就不能蛮干。

2. 分开放置的好处是万一遇到抢劫者，或许会减少财务损失。

3. 被小霸王抢劫，要及时告诉老师和父母，不要怕报复，这样才能将问题彻底解决。如果藏在心里，或自己悄悄想办法解决，可能会带来更大的伤害。

4. 抢劫者的目标大多是钱财，如果被拦截了就转身逃跑，有可能会使歹徒恼羞成怒，做出伤害你性命的行为。

要回失物
法所当然

遗失物品以法维权

我们拾到贵重物品应该怎么办？别人向你索要时又该怎么办？你丢失了心爱的东西怎么办？别人拾到了，你能要回来吗？

实例 1 ●●●●

　　一位少女在写给我们的信中倾诉说：我有一条很可爱的小狗，名叫闹闹。是爸爸花400元钱从宠物市场买回来的。小狗很通人性，我不高兴的时候，它爱用小鼻子拱我的腿。我复习功课的时候，它就乖乖地趴在我旁边看着我。它是我最好的伙伴。可是现在，它却落到了一个坏家伙的手里。那天，我放学回家，发现小狗不见了！想到它可能是从门缝溜了出去，我马上到外面去找。可是，直到天黑也不见闹闹的身影。正当我失望地含泪往家走时，突然听到了它的叫声！我立刻寻声找去，发现闹闹被关在一个院子里，用一根粗粗的铁链拴着脖颈。闹闹见了我，使劲叫着想挣脱链子。这时，从屋里跑出来一个人。

他见到我，一副无赖相，对着闹闹的肚子踢了一脚，说："闹什么？再闹踢死你！"我心疼坏了，连忙喊道："这条狗是我的，你把它还给我吧！"那人却不答应："还给你？凭什么!它是我捡来的！我捡的东西就是我的！"我听了很生气，天底下怎么会有这么不讲理的人？谁知他又接着说："要我还给你？也行！拿500元钱来！"天哪，500元！叫我到哪里去弄500给他呢？最后，我哭着回了家，爸妈对那无赖的行为也很气愤，但又没办法：谁让小狗自己跑出去了呢？他们只能骂他缺德，却无法帮我讨回闹闹。

小知识1： 什么是遗失物

遗失物是指东西的所有人或占有人因为大意或疏忽而暂时丧失了对自己东西的占有。法律上的遗失物并不是没人要的东西，所有人并未完全丧失所有权，而是暂时丧失所有权。拾得遗失物也适用于另外两种物品——漂流物和失散的饲养的动物。

小知识2： 遗失物应该归属谁

遗失物应当归还给失主，找不到失主的，拾到的人有义务将遗失物交与公安机关等单位；接收单位要发布招领公告，到一定的时间还没有人认领的，遗失物要归国家所有。

找到了自己丢失的物品，你要怎么拿回来？

　　小强喜欢学英语，爸爸因此花了1500元钱为他买了一台名牌录音机。小强爱不释手，每天上学都带着听英语。这天下午，小强听着英语来到操场，恰巧同学们要进行足球比赛，大家邀请小强加入，他就顺手把录音机放在了石台上。比赛结束后，小强也忘记了录音机的事。等到他发现录音机不见了的时候，已经快放学了，他马上跑到操场寻找，但是，录音机早就没影了！小强伤心极了，没有了录音机怎么听英语？又怎么向爸爸交代？小强回家没敢对爸爸说这件事情。第二天上学，他就逐个班地询问，同学告诉

他，邻班的阿钢今天早上拿了一台录音机。小强找到阿钢，一看，他拿的录音机果然是自己的。于是，小强向阿钢索要自己的录音机，可阿钢以没法证明录音机就是小强丢的那台为由，拒绝归还。中午，小强胆怯地把这件事告诉了爸爸，爸爸说："我们有发票哇，上面有购买日期、牌号、机器的编号，拿去一对照，就清楚了。"下午，小强和班主任老师说明了情况，老师带着他找到阿钢，拿出发票与阿钢手里的录音机一对，牌子、编号、生产日期全部一样。在事实面前，阿钢无法抵赖，只得把录音机交还给了小强。

拾到贵重物品怎么办

- 妥善保管。

....

- 马上寻找失主，尽可能在最短的时间里将物品交还失主。

....

- 如果不能及时找到失主，可以将物品交给有关部门，请他们寻找，并交还给失主。

....

- 失主认领前，你有保管、保护物品的责任和权利，不能将物品损坏。

....

- 如果失主给你一定的酬谢金，可根据情况选择是否接受。

如何找回自己丢失的物品

- 可以在报纸、杂志等媒体上刊登广告，说清丢失物品的形状、大小、颜色等特征，以及丢失的大概地点，也可发布悬赏广告。

- 认领时要出具有关证明。

- 在校内丢了物品可以报告老师，或者请校广播站帮助广播。还可以在校内张贴启事。

- 遇到不归还物品的人，可以先友好协商，若还不归还，就要据理力争，还可以寻求学校、居委会等组织帮助解决。

- 在各种努力都无效时，要用法律武器维护自己的权利，要回丢失物品。

- 对归还物品的人，要真诚表达感谢，也可以用送表扬信、纪念卡、酬金等形式表示感谢。

请你判断下面的做法是否恰当，
恰当的请画上😊，不恰当的请画上💀。

1.小英在学校浴室洗澡后，忘记把一块进口手表带走。李丽捡到后不还，说："我既没偷也没抢，拾到的东西就是我的合法财产。"

2.赵勇拾到一部手机后，将手机变卖，用得来的钱买了学习用品。

3.小玲在回家的路上拾到一个钱包，钱包里面有3000元钱和一些证件，她根据钱包里的电话找到失主，失主万分感谢，要给小玲"红包"，被小玲婉言谢绝了。

答案

1.（××）只有靠诚实劳动获得的财产，才是合法财产。李丽拾到物品应该交还失主，否则就是违法行为。

2.（××）将拾到的物品变卖所得的钱也是非法所得。如果失主寻找到赵勇，赵勇要进行赔偿，并承担法律责任。

3.（⌣）拾金不昧是青少年应该具备的高尚品质，我们应该向小玲同学学习。

电梯缘何变成

吃人老虎

乘坐电梯需自护

　　电梯是现在人们常用的生活工具，如何正确地使用电梯以及遇到电梯事故如何自救，都是小朋友需要了解的。

　　2013年5月15日11点36分，深圳罗湖区长虹大厦发生一起电梯事故的惨剧。一名24岁的女护士乘坐电梯从16楼到3楼时，电梯门开了，女孩正准备走出门时，电梯门突然关闭，并迅速下坠，女子头部被夹断，当场身亡。后来在监控录像中看到，死者本来是要到2楼，但当电梯下行到3楼时，电梯门打开了一部分，死者正在低头看手机，以为到了2楼，左腿迈了出去，这时电梯突然关门下行，女孩的头被下行的电梯顶端下压并被卡住，最终导致死亡。

小知识：什么是电梯的平层

平层是指电梯的轿厢接近停靠站时，欲使轿厢地坎与层门地坎达到同一平面的动作。也可理解为电梯在层站正常停靠时的慢速动作过程。就是我们乘坐电梯时，要注意观察电梯的地面与外面楼层的地面能否接平。如果已经平层了就是安全的，如果电梯地面比外面的地面高一些或者低一些，就容易发生危险。

自护智多星

小朋友乘坐扶梯和电梯时，一要注意安全，二要讲究文明。

表弟家信从农村到北京来了，悦悦想带他到西单图书大厦去玩。刚到城市，家信看什么都新鲜，他们俩一路说笑着来到了地铁口。看见扶梯，淘气的表弟仿佛看见了滑梯，抬腿就要迈上去，悦悦赶紧阻止他说："家信，这样太危险了，这个是扶梯，可不是滑梯！看着好玩，真要从上面滑下去的话，很有可能摔伤，或者被电梯夹伤。"表

弟不好意思地放下腿，和悦悦一起站在了扶梯上。可是他毕竟是个淘气的男孩子，在扶梯上也不老实，一会儿跳一下，一会儿又把身体转过去，面朝后站着。悦悦吓得够呛，只好拽住弟弟的手，不让他乱动。

　　到了图书大厦，这里人非常多，很多放暑假的小朋友都来这里买书。他们俩决定先上楼，从顶层向下一层层地逛。来到电梯口他们发现，那里已经站了很多等电梯的人。

电梯一来，大家都匆忙地往里进。当悦悦和表弟家信进去时，电梯开始鸣叫，显示已经超员。悦悦拉着家信要下去等下一班电梯，家信却着急上楼拉着姐姐不肯下去。最终，悦悦强行地把家信拉下电梯。

家信不高兴了，他说："你怎么这么熊啊，电梯又不是就咱们两个人？他们为什么不下去？"悦悦劝表弟说："咱们俩今天有很多时间，不差这么一会儿。现在电梯经常出问题，如果超重的话说不定还会使电梯下坠呢，那样就太危险了。所以，我这样做不是熊，是文明，是爱护自己。"

悦悦的话让家信不好意思了，他低下头，脸红了。

如何科学使用电梯

- 遵守电梯安全注意事项，不随意破坏电梯。

- 要乘坐质量有保障的电梯。上电梯前要先看看电梯的质量，如果太老旧或者有焦煳味儿，尽量不要乘坐。

- 不乘坐超载的电梯。

- 上下电梯要迅速，不要一脚在门里，一脚在门外。

- 电梯门要关上时，不要强行扒门，或用重物顶住阻止电梯关门。

- 不要胡乱按电梯上下键。

- 电梯门打开，要先看清楚内厢是否也一同跟上来，不要习惯性迈进电梯。

如何安全使用扶梯

- 遵守秩序，上下扶梯靠右侧站立，如果有急事可从左侧超过他人。

- 顺向乘坐扶梯，不逆向乘坐。

- 在扶梯上安静地站立，不打打闹闹，不互相拥挤。拥挤和打闹容易发生跌倒踩踏等事件。

- 上扶梯和下扶梯的时候都要动作迅速，不要影响后面的人。

- 在扶梯上站立的时候要面向前方，不要倒着面向后方站立，以免滑倒。

被困电梯里怎么办

- 一般情况下，电梯槽都安装有安全的防坠落设备，当电梯突然停下没有信号时，不要着急，多数情况下电梯不会快速坠落。

- 不要用脚踹电梯门，或者大力拍打电梯门，这些动作都有可能让电梯突然坠落，会更危险。

- 在电梯的一些按键里，有个红色的求救报警键，可以长按报警键。

- 电梯停电不要害怕，要耐心等待救援人员，并间隔地发出呼救声。

- 一定要等待专业人员救援，而不是让路过的人扒开电梯门。不专业的方法反而容易使电梯快速下坠，造成生命危险。

- 电梯天花板上大多有紧急出口，但是这个出口是给专业人员使用的。小朋友不要试图从这上面爬出去，因为当我们打开出口板时，如果出口意外关闭会使电梯飞速下坠。

- 要注意节省体力。电梯是密封的，里面的氧气有限，要尽可能地保持情绪平静，这样可以使呼吸匀称，不需要大量耗费氧气。

请你判断下面的做法是否恰当，恰当的请画上😊，不恰当的请画上😵。

1.每次乘电梯前，悦悦总是等电梯门打开后，先停留一秒钟，看看电梯的地面才上电梯。别人问起，她解释说："我担心电梯门开了，地面没来。"

2.文杰每天早晨都起床比较晚，妈妈为了帮他节省时间，总是在他吃饭时，帮他叫电梯——电梯来了之后，妈妈按住上行或下行键，让电梯等在那里。

3.一次，住宅楼的电梯门似乎出了故障，每当即将关上时门就会自动打开，再按关门又会如此重复。文广心里着急，就狠狠地踹了电梯门几脚，结果电梯门听话地关上了。

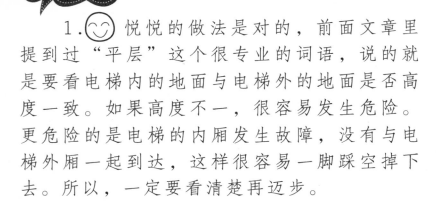

1.☺ 悦悦的做法是对的，前面文章里提到过"平层"这个很专业的词语，说的就是要看电梯内的地面与电梯外的地面是否高度一致。如果高度不一，很容易发生危险。更危险的是电梯的内厢发生故障，没有与电梯外厢一起到达，这样很容易一脚踩空掉下去。所以，一定要看清楚再迈步。

2.✖✖ 文杰的妈妈长时间按住电梯，对电梯的使用是有伤害的。有时候电梯门要合上，文杰妈妈就会又按住让电梯门打开。这样不停地按开关键一方面影响他人的使用，另一方面也会损伤电梯的使用寿命，给自己及他人带来安全隐患。

3.✖✖ 有的人常常很心急，不停地按开关键。事实上，很多电梯开门和关门的时间都是由程序设计好，不会因为我们多按几下就加快速度。踹一脚表面看很有效，但对电梯是有损伤的，甚至会导致电梯突然停滞或急速下坠，这些都是给自己和他人带来危险的行为。